基于质控数据的环境监测测量

不确定度评定手册

中国环境监测总站　编著

中国环境出版集团·北京

图书在版编目（CIP）数据

基于质控数据的环境监测测量不确定度评定手册/中国
环境监测总站编著. —北京：中国环境出版集团，2022.11
ISBN 978-7-5111-5336-4

Ⅰ. ①基… Ⅱ. ①中… Ⅲ. ①环境监测－不确定度－
评价－手册 Ⅳ. ①X83-62

中国版本图书馆 CIP 数据核字（2022）第 171982 号

出 版 人	武德凯	
责任编辑	曲　婷	
封面设计	宋　瑞	

出版发行	**中国环境出版集团**	
	（100062　北京市东城区广渠门内大街 16 号）	
	网　　址：http://www.cesp.com.cn	
	电子邮箱：bjgl@cesp.com.cn	
	联系电话：010-67112765（编辑管理部）	
	发行热线：010-67125803，010-67113405（传真）	
印　　刷	北京中科印刷有限公司	
经　　销	各地新华书店	
版　　次	2022 年 11 月第 1 版	
印　　次	2022 年 11 月第 1 次印刷	
开　　本	787×960　1/16	
印　　张	5.5	
字　　数	75 千字	
定　　价	20.00 元	

编 委 会

主 编

师耀龙　王　琳　吕怡兵

副主编

孟　捷　吴晓凤　徐　驰

中国环境监测总站

天津市生态环境监测中心

白洋淀流域生态环境监测中心

前　言

　　测量不确定度能够帮助生态环境监测机构和数据使用部门认识到监测结果必然存在误差（不确定性），并量化掌握误差可能存在的范围（区间）。特别是当监测结果用于判定污染物浓度等是否符合法律、法规、标准规定的临界值（浓度）要求时，能够辅助判定机构正确认识到测量结果不确定性对判定结果的影响。《检验检测机构资质认定能力评价　检验检测机构通用要求》(RB/T 214—2017) 第4.5.15条款中明确要求："检验检测项目中有测量不确定度的要求时，检验检测机构应建立和保持应用评定测量不确定度的程序。检验检测机构在检验检测出现临界值、内部质量控制或客户要求时，需要报告测量不确定度。"但是，《测量不确定度评定与表示》(JJF 1059.1—2012)、《用蒙特卡洛法评定测量不确定度》(JJF 1059.2—2012) 及其对应的 JCGM 系列导则（GUM 导则）等介绍的不确定度评定方法侧重于分析各测量环节不确定度分量，并将各分量合成至最终的测量不确定度。该类不确定度评定方法需要监测人员正确识别各项关键环节的测量不确定度分量，并通过相关的测量数学模型合成最终的测量不确定度，技术要求较高且较为复杂。因此，ISO、

Nordtest 等国际权威机构均针对环境监测领域提出了基于实验室日常质控数据的 Top-Down 的测量不确定度方法（ISO 11352、TR 537 ed 3.1 等），中国国家认证认可监督管理委员会也制定了认证认可行业标准《化学检测领域测量不确定度的评定　利用质量控制和方法确认数据评定不确定度》（RB/T 141—2018），以指导生态环境监测机构通过汇总有证标准物质、质控样品、加标回收、实验室间比对或能力验证等质控数据，评定测量不确定度。

　　本书作者基于以上国内外标准、导则并结合生态环境监测实践经验编制了本手册，以指导各级、各类生态环境监测机构正确、便捷地利用日常监测工作中产生的大量质控数据评定相关监测项目的测量不确定度。书中尽量避免了各种较为复杂的统计学语言，力求通俗易懂，部分案例中的数据参考了 ISO 11352、TR 537 ed 3.1 中的相关数据。各机构在使用过程中的问题、建议可及时联系作者（shiyl@cnemc.cn）进行修改、完善。

目　录

1

术语汇总

1.1 测量误差：简称误差，测量的量值减去参考量值。

[JJF 1001—2011，5.3；ISO 99—2007，2.16]

1.2 系统测量误差：简称系统误差，在重复测量中保持不变或按可预见方式变化的测量误差的分量。

[JJF 1001—2011，5.4；ISO 99—2007，2.17]

一般来说，多次重复测量不会导致减小或消除系统测量误差。

1.3 测量偏倚：简称偏倚，系统测量误差的估计值。

[JJF 1001—2011，5.5；ISO 99—2007，2.18]

1.4 修正：对估计的系统误差的补偿。

[JJF 1001—2011，5.7；ISO 99—2007，2.53]

1.5 随机测量误差：简称随机误差，在重复测量中按不可预见的方式变化的测量误差的分量。

[JJF 1001—2011，5.5；ISO 99—2007，2.18]

在本书中，主要考虑由实验室内测量复现性（或称期间测量精密度）与测量重复性（或称日内测量精密度）产生的随机误差，其中实验室内复现性（期间精密度）包含重复性（日内精密度）。

1.6　实验室内复现性：本书中指代同一实验室的期间测量精密度。

［ISO 11352—2012，3.12］

1.7　期间测量精密度：简称期间精密度，在一组期间精密度测量条件下的测量精密度。

［JJF 1001—2011，5.12；ISO 99—2007，2.23］

1.8　期间精密度测量条件：简称期间精密度条件，除了相同测量程序、相同地点以及一个较长时间内对同一或相类似的被测对象重复测量的一组测量条件外，还包括涉及改变的其他条件。改变可包括新的校准、测量标准器、操作者和测量系统。

［JJF 1001—2011，5.11；ISO 99—2007，2.22］

本书中期间精密度测量条件可以理解为使用相同的测量程序，在同一地点，在一个较长时间周期内不同人员（如果有多个测量人员）使用不同的仪器设备（如果有多台仪器设备）等对被测对象开展重复测量。

1.9　测量重复性：简称重复性，在一组重复性测量条件下的测量精密度。

［JJF 1001—2011，5.13；ISO 99—2007，2.21］

1.10　重复性测量条件：简称重复性条件，相同测量程序、相同操作者、相同测量系统、相同操作条件和相同地点，并在短时间内对同一或相类似被测对象重复测量的一组测量条件。

［JJF 1001—2011，5.14；ISO 99—2007，2.20］

1.11　AD 检验：Anderson-Darling 检验，一种统计学检验方法，有两个统计量。统计量 A_s^2 用于检验数据分布的正态性，统计量 A_{MR}^2 用于检验数据分布的独立性。

1.12　t 检验：也称 student 检验，一种统计学检验方法。用 t 分布理论来推论差异发生的概率，从而比较两个平均数的差异是否显著。统计量为 t 值，主要用于样本含量较小（例如 $n<30$），总体标准差 σ 未知的正态分布。

1.13　F 检验：也称方差齐性检验，一种统计学检验方法，用 F 分布理论来推论差异发生的概率，从而比较两个方差的差异是否显著，统计量为 F 值。

1.14　有证标准物质：附有权威机构发布的文件，提供使用有效程序获得的具有不确定度和溯源性的一个或多个特性量值的标准物质。

［JJF 1001—2011，8.15；ISO 99—2007，5.14］

2

缩写汇总

2.1 u_{Rw}：实验室内复现性标准不确定度。

2.2 u_b：偏倚标准不确定度。

2.3 u_c：合成标准不确定度。

2.4 U_c：合成扩展不确定度。

2.5 s_{Rw}：一定周期内质控样品测试结果的标准偏差。

2.6 $u_{Rw,stand}$：不考虑基质效应下实验室内复现性引入的测量不确定度，一般是由测量系统的期间漂移导致。

2.7 $u_{r,range}$：考虑基质效应下测量重复性引入的测量不确定度，一般是由测量系统的日内重复性（精密度）和样品的基质效应导致。

2.8 $u_{Rw,bat}$：来自样品批次间差异的不确定度分量，类似于 $u_{Rw,stand}$。

2.9 $\bar{u}_{Cref}$：有证标准物质证书给出的标准不确定度或能力验证样品标准不确定度（ u_{Cref} ）的均方根。

2.10 b_{rms}^2：各次有证标准物质（或加标样品）测试中计算得到的偏倚的

均方。

2.11　D_{rms}^2：各次能力验证/实验室间比对中实验室的偏倚的均方。

2.12　u_{add}：加标回收样品定值的标准不确定度。

2.13　u_{conc}：加标回收中使用的标准物质或纯物质证书给出的标准不确定度。

2.14　u_V：加标过程（含高浓度标准样品稀释等各类操作）引入的标准不确定度。

2.15　$u_{V,b}$：稀释、加标等操作使用的各类容器（容量瓶、移液枪、移液管等）系统误差（偏倚）引入的标准不确定度。

2.16　$u_{V,rep}$：稀释、加标等操作所取的体积的随机误差引入的标准不确定度。

3

评定原则

基于质控数据的 Top-Down 不确定度评估方法认为监测结果的不确定度主要来源于：

①随机误差［来源于实验室内复现性（Reproducibility within- laboratory），主要包含期间精密度、重复性（日内精密度）等］；

②系统误差［来源于方法间和实验室间的偏倚（bias）］。

通过汇总生态环境监测实验室日常质控数据或开展方法验证、确认（证实）时的质控数据（如质控样测试、平行双样测试、加标回收、实验室间比对、能力验证等），可分别计算得到来源于随机误差的实验室内复现性标准不确定度（u_{Rw}）与来源于系统误差的偏倚标准不确定度（u_b）。通过合成 u_{Rw} 和 u_b（公式 1），可得到该监测项目的合成标准不确定度（u_c），并进一步计算（公式 2）得到合成扩展不确定度（U_c），用于表征该监测项目监测结果的不确定性范围。

$$u_c = \sqrt{u_{Rw}^2 + u_b^2}$$ （公式1）

$$U_c = k \times u_c \text{（} k \text{值一般为 2，置信度为 95\%）}$$ （公式2）

4 / 评定流程

4.1　评定前准备工作

本方法的关键在于正确计算质控数据得到监测项目的实验室内复现性标准不确定度 u_{Rw} 和偏倚标准不确定度 u_b。为保障日常质控数据或方法验证/证实数据的代表性，应优先核实以下问题。

（1）日常质控或方法验证/证实是否覆盖分析测试的全部流程（特别是前处理流程）？

例如，监测机构开展水质有机项目监测时，使用的有证标准物质基体常为有机溶剂，如仅对有机溶剂的有证标准物质开展测试，难以反映萃取、净化、浓缩等前处理环节对测量结果的影响。因此，在开展测量不确定度评定的过程中，不能仅使用标准有证物质直接进样测试结果，应按照样品分析的全过程开展平行双样测试，并结合有证标准物质测试结果和平行双样测试结果计算 u_{Rw}，使用加标回收结果计算 u_b，保障 u_{Rw} 和 u_b 的评定过程包含萃取、净化、浓缩等前处理环节。

（2）日常质控或方法验证/证实是否覆盖日常用于分析测试的全部人员和全部设备？

例如，某监测机构有 A、B 两人开展同一项目的监测，如评定该项目的测量不确定度，质控数据应包含 A、B 两人的质控数据，或 A、B 两人分开评定各自的测量不确定度。

某监测机构使用 A、B 两台仪器分别开展同一项目的监测，如评定该项目的测量不确定度，质控数据应包含 A、B 两台仪器的质控数据，或 A、B 两台仪器分开评定各自的测量不确定度。

（3）质控样品与实际样品的基体是否一致，基体是否对其不确定性存在干扰？

例如，某监测机构使用不含干扰成分的纯水标准物质开展废水监测项目的日常质控，如直接使用该质控数据评定废水项目的不确定度，应确认纯水标准物质的基体带来的系统误差（偏倚）与随机误差（实验室内复现性、重复性）影响是否与废水基体一致。

可采用 t 检验比较加标样品测试与纯水标准物质测试的平均误差是否存在统计学差异，采用 F 检验比较实际样品测试与纯水标准物质测试的误差的方差是否存在统计学差异，实例详见附录 2。如平均误差或方差存在差异，应结合平行双样和加标回收测试结果评定该废水项目的测量不确定度。如均不存在差异，可采用纯水标准物质的测试结果评定该废水项目的测量不确定度。

（4）质控样品与实际样品的浓度是否接近，质控样品的浓度是否具有代表性？

例如，用于评定测量不确定度的质控样品浓度应与实际样品浓度接近，如实际样品浓度范围较大，建议多个浓度梯度分别评定或使用标准限值附近的质控样品进行评定。

4.2　评定流程和注意事项

在核实上述问题后，分别评定各项目的复现性标准不确定度 u_{Rw} 和偏倚标准不确定度 u_b，合成该监测项目的标准不确定度 u_c，并根据扩展系数 k 计算其扩展不确定度 U_c，具体流程如图 4-1 所示。

（1）复现性标准不确定度 u_{Rw} 评定方法的优先级

根据图 4-1 规定的流程，在评定复现性标准不确定度 u_{Rw} 时，应优先使用覆盖全流程的稳定质控样品，质控样品的基体（基质）应与环境样品相似或对精密度影响较小。

如缺少覆盖全流程的稳定质控样品，或质控样品的基体（基质）与环境样品不一致且对精密度存在影响，应优先使用质控样品测试和平行双样测试结果评定复现性标准不确定度 u_{Rw}。

注：如质控样品基体与实际样品相似但并不完全一致（如纯水质控样品与废水样品），且难以判断其对精密度的影响，可采用 F 检验方法比较多次重复测量实际环境样品所得方差与多次重复测量质控样品得到的方差是否存在统计学差异。统计方法详见附录2。

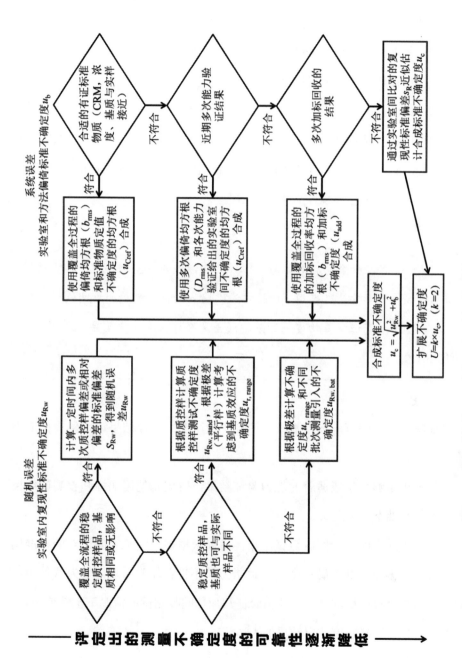

图 4-1 基于质控数据的生态环境监测项目扩展不确定度评定流程

如缺少质控样品，可根据平行双样测试结果和不同批次测量引入的不确定度评定复现性标准不确定度 u_{Rw}，此类方法不推荐作为常规评定方式使用，只在缺少质控样品条件下可以酌情使用。

（2）偏倚标准不确定度 u_b 评定方法的优先级

根据图 4-1 规定的流程，在评定偏倚标准不确定度 u_b 时，应优先使用适合的有证标准物质（CRM），CRM 的测试应覆盖实际环境样品测试的全部环节，且基体、浓度与实际环境样品相同或相近。

> 注：如有证标准物质基体与实际样品相似但并不完全相同，且难以判断其对偏倚的影响，可采用 t 检验方法比较多次重复测量加标回收样品与多次重复测量有证标准物质得到平均误差是否存在统计学差异，统计方法详见附录 1。

如缺少适合的有证标准物质，应优先使用能力验证结果评定偏倚标准不确定度 u_b。

如缺少足够数量或适合的能力验证结果，应优先使用加标回收测试结果评定偏倚标准不确定度 u_b。

如缺少适合的加标回收测试结果，可仅根据多家实验室间比对的标准偏差近似估计偏倚标准不确定度 u_b，此类方法不推荐作为常规评定方式使用，只在同时缺少有证标准物质、能力验证与加标回收测试的情况下酌情使用。

（3）扩展不确定度评定结果的表述

评定结束后，应注意该扩展不确定度针对的是特定的监测项目、特定的浓度范围与特定的基体类型，评定单位应给出该扩展不确定度的适用范围，如日常监测项目浓度范围较宽，应分别给出各浓度范围适用的扩展不确定度。低浓度时，推荐用浓度值等作为扩展不确定度；高浓度时，推荐使用百分比等相对扩展不确定度。

例如，地表水中某重金属监测项目浓度（测定下限：5 μg/L）。

当浓度在 5～20 μg/L 时，U_c=1 μg/L；

当浓度>20 μg/L 时，U_r=5%。

在图 4-1 的评定流程中，应特别注意以下事项。

①用于评定同一项目、同一浓度范围的 u_{Rw} 的质控样测试、平行双样等质控测试应≥8 次，次数越多 u_{Rw} 评定的可信度越高；

②用于评定同一项目、同一浓度范围的 u_b 的标准样品测试、能力验证、加标回收、实验室间比对等质控测试应≥6 次，次数越多 u_b 评定的可信度越高；

③u_{Rw} 评定方法的优先级为覆盖全流程的稳定质控样品>稳定质控样品（基质不同）>无稳定质控样品（仅平行样品）；u_b 的优先级为有证标准物质>能力验证>加标回收>实验室间比对。

④用于评定 u_{Rw} 和 u_b 的质控样品测试、有证标准物质测试等质控数据应处于统计受控状态且服从正态分布，建议通过 AD 检验对其正态性和独立性进行检验，检验方法详见附录 1。

4.3 评定流程范例

某机构基于质控数据评定地表水某项污染物测量不确定度的过程如下。

（1）评定由随机误差导致的实验室内复现性标准不确定度 u_{Rw}

该机构连续多日对该污染物的质控样品进行多次测试，经过正态性和独立性检验符合要求，可用于评定 u_{Rw}。汇总计算多次测试结果，质控样品的平均值为 10.0 mg/L，标准偏差为 0.2 mg/L。

$$u_{Rw} = 0.2 \text{ mg/L}$$

相对标准不确定度为 $u_{Rw,rel} = 0.2/10 = 2\%$。

（2）评定由系统误差导致的偏倚标准不确定度 u_b

该机构连续多次对同一标准样品进行10次测试，标准样品证书给出的标准值为 8.0 mg/L、实验室 10 次测试的平均值为 8.2 mg/L、标准样品证书给出的扩展不确定度为 0.1 mg/L（$k = 2$）、10 次测试的标准偏差为 0.2 mg/L。

$$u_b = \sqrt{(8.2-8)^2 + \left(\frac{0.1}{2}\right)^2 + \frac{0.2^2}{10}} = 0.22 \text{ mg/L}$$

相对 u_b 为 $u_{b,rel} = 0.22/8 = 2.75\%$。

（3）合成标准测量不确定度 u_c

根据公式 1（$u_c = \sqrt{u_{Rw}^2 + u_b^2}$），相对标准不确定度为

$$u_c = \sqrt{2\%^2 + 2.75\%^2} = 3.4\%$$

根据公式 2（$U_c = 2 \times u_c$），扩展不确定度为

$$U_c = 2 \times 3.4\% = 6.8\%$$

该机构该地表水监测项目在该浓度范围内相对测量扩展不确定度为 6.8%（$k = 2$）。

5

实验室内复现性标准不确定度 u_{Rw} 评定流程

5.1 期间精密度测量条件

为正确评定测量结果的随机变化导致的 u_{Rw}，实验室用于评定的测试方法应与日常监测分析时方法完全一致，保障其处于期间精密度测量条件下。

例如，日常监测某项目 A 时，取 3 次测量环境样品的平均值作为报告上 A 的浓度，在开展 A 项目的期间精密度条件下的测量时，也应对 A 的质控样品重复测量 3 次，取其平均值用作质控工作。

5.2   基于覆盖全流程的稳定质控样品的评定方法

如监测机构使用该方法评定测量不确定度，对稳定质控样品的分析过程应涵盖与日常环境样品分析相同的前处理流程，质控样品与环境样品的基体应相同或相似（判断方法可参考附录 2 中的 F 检验方法）。如符合以上条件，可通过计算其一定周期内质控样品测试结果（$\geqslant 8$ 次）的标准偏差 s_{Rw} 评定该项目的 u_{Rw}（公式 3）。

$$u_{Rw} = s_{Rw} \qquad （公式 3）$$

> 注：如监测项目包含多个浓度范围（区间）或包含多类基体，不分开评定 u_{Rw}，而希望采用一个值代表该项目的 u_{Rw}，则其用于评定的稳定质控样品应包含多个浓度范围（区间）和多类基体。

范例：如在地表水氨氮监测中，使用稳定的同基体质控样品进行质量控制，则通过汇总质控样品结果（表 5-1），可评定其 u_{Rw}。

表 5-1   基于稳定质控样品的 u_{Rw} 评定示例

	多次测试均值/（μg/L）	多次测试标准偏差/（μg/L）	u_{Rw} /（μg/L）	相对 u_{Rw} /%	注释
高浓度	2 500	37	37	1.5	一年内 50 次测试
低浓度	200	5	5	2.5	一年内 75 次测试

5.3　基于稳定质控样品（基质不同或不覆盖全环节等）的评定方法

如实验室使用的稳定质控样品不满足 5.2 的相关要求，特别是稳定质控样品的基质与环境样品不同（如做地表水项目仅有有机溶剂的标液），或对质控样品的测试流程没有覆盖全环节（如有机项目质控样品仅包含色谱分析环节，没有包含萃取、净化与浓缩等前处理环节）时，应考虑如下两个不确定度分量。

（1）$u_{Rw,stand}$，稳定质控样品（标准溶液等）测试结果（≥8 次）的标准偏差，表征不考虑基质效应或前处理环节等情况下实验室内分析测试复现性引入的测量不确定度，计算参考公式 3；

（2）$u_{r,range}$，来源于极差控制图（平行双样偏差等，≥8 次）的测量不确定度分量，为多次日内平行测试极差的均值除以极差系数，表征考虑基质效应或覆盖全环节的情况下测量重复性引入的测量不确定度。在评定该测量不确定度分量的过程中，应使用实际环境样品进行多次（≥8 次）重复性测试，且使用的实际环境样品浓度与日常浓度接近或包含常见的浓度范围。计算方法见公式 4。

$$u_{r,range} = \frac{\overline{R}}{C} \qquad （公式4）$$

式中，$\overline{R}$ —— 各次极差的均值；

C —— 极差系数，可以查表 5-2 获得，平行双样 C 值（$n=2$）一般取 1.128。

表 5-2   不同 n 值对应的极差系数（C）

n 值	极差系数（C）
2	1.128
3	1.693
4	2.059
5	2.326

分别评定 $u_{\text{Rw,stand}}$ 和 $u_{\text{r,range}}$ 后，将其合成 u_{Rw}：

$$u_{\text{Rw}} = \sqrt{u_{\text{Rw,stand}}^2 + u_{\text{r,range}}^2}$$ （公式 5）

本方法中，分析测试环节（不含前处理环节）日内重复性引入的不确定度在 $u_{\text{Rw,stand}}$（分析测试环节的期间精密度，期间精密度包含了日内重复性和日间重复性）和 $u_{\text{r,range}}$（包含分析测试环节在内的全环节日内重复性）的计算过程中均被考虑在内，导致其在评定过程中被考虑了两次。但是，由于日内重复性引入的不确定度远小于样品基质效应和期间精密度引入的测量不确定度，多出的一次可忽略不计。

此外，在公式 5 的合成计算过程中，由于 $u_{\text{Rw,stand}}$ 和 $u_{\text{r,range}}$ 分别使用的质控样品、实际环境样品浓度未必一致，建议 $u_{\text{Rw,stand}}$ 和 $u_{\text{r,range}}$ 均换算成百分比形式的相对不确定度后再进行合成。

以氨氮监测为例。在 5.2 中，认为质控样品的基质与环境样品一致。但是，当基质不同时（如环境水体各项污染物较多，质控样品为纯水配制的溶液且不含各类可能的干扰物质），需采用 5.3 中的方法进行评定。其高低浓度 $u_{\text{Rw,stand}}$ 的评定方法同 5.2 的表 5-1 和公式 3，但由于未考虑基质效应，需进一步汇总多次环境样品平行双样测试的结果评定 $u_{r,range}$，评定示例见表 5-3。

该监测机构在全年开展大量高低浓度纯水质控样品测试。根据 5.2 中的方法，通过分别汇总高、低浓度纯水质控样品测试的相对误差，分别计算高浓度和低浓度的 $u_{Rw,stand}$，高浓度 $u_{Rw,stand}$ 为 1.5%，低浓度 $u_{Rw,stand}$ 为 2.5%（表 5-3）。

考虑到纯水质控样品不能代表实际水样中的基质效应对测量重复性的影响，该机构在全年高低两个浓度范围分别开展了多次实际环境样品平行双样测试，分别计算高、低浓度平行双样极差的平均值，高浓度极差均值为 4.1%，低浓度极差均值为 6.4%。由于采用的是平行双样的测试方法，n =2，查表 5-2 可知极差系数为 1.128，根据公式 4 计算：

$$高浓度\ u_{r,range} =4.1\%/1.128=3.6\%$$

$$低浓度\ u_{r,range} =6.4\%/1.128=5.7\%$$

根据公式 5，分别合成高、低浓度 $u_{Rw,stand}$ 和 $u_{r,range}$，可知高、低浓度 u_{Rw} 分别为 3.9% 和 6.2%。

表 5-3　基于基体不同稳定质控样品的 u_{Rw} 评定示例

	$u_{Rw,stand}$ /%	多次极差均值/%	极差系数	$u_{r,range}$ /%	u_{Rw} /%
高浓度	1.5	4.1	1.128	3.6	$\sqrt{1.5^2+3.6^2}$ =3.9
低浓度	2.5	6.4	1.128	5.7	$\sqrt{2.5^2+5.7^2}$ =6.2

5.4   无稳定质控样品的评定方法

若部分项目难以获得稳定质控样品，如水质溶解氧的测定电化学探头法等，应考虑如下两个不确定度分量。

（1） $u_{r,range}$，来源于极差控制图（平行双样相对偏差等，≥8 次）的不确定度分量，计算方法参考 5.3 中的公式 4。$u_{r,range}$ 只考虑了日内重复性引入的测量不确定度。

（2） $u_{Rw,bat}$，来自样品批次间差异的不确定度分量，其类似于 5.2 中的 $u_{Rw,stand}$，但由于缺少稳定质控样品，仅能根据经验或其他质控数据（如每次测定前对电极进行校准的数据）对其进行判断，如溶解氧。

分别评定 $u_{Rw,bat}$ 和 $u_{r,range}$ 后，将其合成 u_{Rw}：

$$u_{Rw} = \sqrt{u_{r,range}^2 + u_{Rw,bat}^2}$$ （公式 6）

在公式 6 的合成计算过程中，由于在 $u_{Rw,bat}$ 和 $u_{r,range}$ 使用的浓度未必一致，建议 $u_{Rw,bat}$ 和 $u_{r,range}$ 均换算成百分比形式的相对不确定度后再进行合成。

范例：以水中溶解氧监测为例（表 5-4），其质控活动为年内进行了 50 次平行双样测试，并在平行测试前对探头进行了校准测试。根据各次对探头的校准结果，计算相对标准偏差为 0.50%，$u_{Rw,bat}$ 为 0.50%。根据 50 次平行双样的结果，计算极差均值为 0.36%，平行样相对偏差为 0.36%，由于采用的是平行双样的测试方法，$n=2$，查表 5-2 可知极差系数为 1.128。

根据公式 4 计算，溶解氧 $u_{r,range}$ =0.36%/1.128=0.32%。

根据公式 5 计算，溶解氧 u_{Rw} 为 0.59%。

表 5-4　无稳定质控样品的 u_{Rw} 评定示例

$u_{Rw,bat}$ /%	多次极差均值/%	极差系数	$u_{r,range}$ /%	u_{Rw} /%
0.50	0.36	1.128	0.32	$\sqrt{0.50^2+0.36^2}$ =0.59

6

偏倚标准不确定度 u_b 评定流程

6.1 概述

在技术可行的情况下，应尽可能消除测量过程中偏倚的产生，GUM 导则中也强调如能通过可靠的数据表明测试结果存在偏倚，应对其进行修正。在生态环境监测工作中，可通过使用相同基体的有证标准物质或加标回收等方式对偏倚进行量化，作为系统误差导致的偏倚不确定度参与测量不确定度的评定。在偏倚不确定度 u_b 的评定过程中应同时考虑：

（1）b_{rms}，由测量偏倚导致的不确定度；

> 注：在计算过程中 b_{rms}，需要使用各次测量有证标准物质/加标回收样品的偏倚 b_i 或测量能力验证样品的偏倚 b_i。偏倚的产生也包含了部分随机误差 u_{Rw} 的影响，存在对 b_{rms} 的高估。使用同一有证标准物质多次进行测试评估偏倚，可以有效降低 u_{Rw} 对 b_{rms} 评定的高估。

（2）u_{Cref} 或 u_{add}，由标准物质定值（标物证书、能力验证结果统计）或加标回收导致的不确定度。

此外，当 $u_b < u_{Rw}/3$ 时，评定过程中可以不考虑 u_b 的影响。

偏倚不确定度 u_b 的评定方法主要有以下三类（优先级见图4-1）：

①适合的有证标准物质；

②参加能力验证或实验室间比对；

③加标回收。

如使用的有证标准物质与环境样品基体相同或相似，且对有证标准物质的测量程序包含环境样品测量程序的全部环节（特别是前处理等环节），则优先使用有证标准物质评定偏倚不确定度 u_b。

如难以获得基体相同或相似的有证标准物质，则应优先使用能力验证多次测试结果评定偏倚不确定度 u_b，能力验证使用的样品也应与基体相同或相似，且对能力验证样品的测量程序应包含对环境样品测量程序的全部环节。

如难以获得基体相同或相应的能力验证样品，则应采用加标回收的方式，人为构建基体与环境样品相同的"有证标准物质"，以加标值作为标准值，根据多次加标回收测定结果评定偏倚不确定度 u_b。

6.2 合适的有证标准物质

在使用合适的有证标准物质评定 u_b 前，应保证对该有证标准物质的测量程序与日常监测一致（包含相同的前处理、分析等程序），有证标准物质与环境样品的基体应相同或相似。此外，如日常监测涉及多个浓度范围（区间）或包含多类基体（如不同类型的地表水、废水等），建议分开评定其 u_b。如不

分开评定其 u_b，应保障用于评定 u_b 的有证标准物质覆盖多个浓度区间或多个类型的基体。用于评定 u_b 的有证标准物质测试在一定周期内应≥6 次（周期至少为 6 天）。

要求测试次数≥6 次，主要是考虑到偏倚是由于 u_b 和 u_{Rw} 的共同作用产生的，因此，在使用偏倚数据评定 u_b 的过程中，无论使用有证标准物质、能力验证（6.3）还是加标回收测试（6.4），都会给 u_{Rw} 带来影响，导致 u_b 被高估。因此，应通过增加用于评定 u_b 的偏倚测试次数以降低 u_{Rw} 对评定 u_b 的影响，故用于评定 u_b 的有证标准物质、能力验证（6.3）、加标回收测试（6.4）次数都应尽可能多，一般不少于 6 次。

使用多个有证标准物质评定 u_b 的方法见公式 7。

$$u_b = \sqrt{\overline{u}_{Cref}^2 + b_{rms}^2}$$ （公式 7）

6.2.1 $\overline{u}_{Cref}^2$ 的评定

公式 7 中的 $\overline{u}_{Cref}$ 为有证标准物质证书给出的标准不确定度的均方根，计算方法见公式 8，评定前应将证书中给出的扩展不确定度换算至标准不确定度。

$$\overline{u}_{Cref} = \sqrt{\frac{\sum (u_{Cref})^2}{n_{Cref}}}$$ （公式 8）

式中，u_{Cref} —— 各有证标准物质证书中给出的标准不确定度；

n_{Cref} —— 有证标准物质测试次数（$n_{Cref} \geq 6$）。

在 ISO 11352 和 TR 537 ed 3.1 中，如使用多种有证标准物质评定 u_b，则其为多种有证标准物质平均值，即 $\bar{u}_{\text{Cref}} = \dfrac{\sum(u_{\text{Cref}})}{n_{\text{Cref}}}$ 。在本书中，作者认为多

个有证标准物质的不确定度合成应为均方根而非平均值，在实际监测工作中，

两者差距不大，故两种计算方式均可采用。

6.2.2　b_{rms}^2 的评定

公式 7 中的 b_{rms}^2 为各有证标准物质测试中计算得到的偏倚的均方，计算方法

见公式 9。

$$b_{\text{rms}}^2 = \frac{\sum(b_i)^2}{n_r} \qquad （公式 9）$$

式中，b_i —— 各类有证标准物质测试得到的平均偏倚值；

$\quad\quad n_r$ —— 有证标准物质种类数量，而非有证标准物质测试数量。

例如，分别测试三种浓度接近、定值不确定度接近的有证标准物质

（CRM1、CRM2 和 CRM3）用于评定 b_{rms}^2。其中，测试 CRM1 共 12 次，平均

相对偏倚为 3.48%；测试 CRM2 共 7 次，平均相对偏倚为 0.9%；测试 CRM3

共 10 次，平均相对偏倚为 -2.5%。则其 b_{rms}^2 为

$$b_{\text{rms}}^2 = \frac{3.48\%^2 + 0.9\%^2 + (-2.5\%)^2}{3} = 6.39\%$$

如使用同一有证标准物质评定 b_{rms}^2，计算方法见公式 10。

$$b_{\text{rms}}^2 = b^2 + \frac{s_b^2}{n_m} \qquad （公式 10）$$

式中，b —— 各次有证标准物质测试得到的偏倚的均值；

s_b —— 各次有证标准物质测试得到的偏倚的标准偏差；

n_m —— 有证标准物质测试次数（≥6）。

> 注：如使用不同有证标准物质进行测试时，不同有证标准物质测试的偏倚均值或有证标准物质的测量不确定度差异显著，不应合并在一起用于该项目测量不确定度的评定。

例如，测试同一种有证标准物质共 12 次，12 次测试的相对偏倚的平均值为 3.4%，12 次测试的相对偏倚的标准偏差为 2.2%，则其 b_{rms}^2 为

$$b_{rms}^2 = 3.4\%^2 + \frac{2.2\%^2}{12}$$

> 注：实验室应在慎重评定监测项目的测量体系是否存在显著的系统性偏倚后，再考虑将 b^2 值纳入 b_{rms}^2 的评定。当无法确定测量体系是否存在显著的偏倚时，可参照 E_n 值[1]方法判断是否存在显著偏倚。

当使用同一有证标准物质评定 u_b 时，如 E_n 值小于等于 1（计算方法见公式 11），可认为本项目该实验室的测量与有证标准物质间不存在显著的系统偏差，b^2 值可不纳入评定 b_{rms}^2，b_{rms}^2 计算方法见公式 12。

$$E_n = \frac{|b|}{2 \times \sqrt{\left(\dfrac{s_b}{n}\right)^2 + u_{Cref}^2}} \qquad （公式 11）$$

---

[1] E_n——归一化偏差，用于判断两个测量值之间的一致性。

式中，b —— 各次有证标准物质测试得到的偏倚的均值；

　　　s_b —— 各次有证标准物质测试得到的偏倚的标准偏差；

　　　n_m —— 有证标准物质测试次数（$\geqslant 6$）；

u_{Cref} —— 有证标准物质证书给出的标准不确定度。

$$b_{rms}^2 = \frac{s_b^2}{n_m} \qquad\qquad （公式 12）$$

式中，s_b —— 各次有证标准物质测试得到的偏倚的标准偏差；

　　　n_m —— 有证标准物质测试次数（$\geqslant 6$）；

6.2.3　范例

（1）单一有证标准物质（无显著的系统性偏倚）

某机构使用单一有证标准物质评定某项目 u_b，有证标准物质的标准值为 11.5 ± 0.5 mg/L（$k=2$），测试一共进行了 12 次，测试结果平均值为 11.9 mg/L，相对标准偏差为 2.2%。

由于只使用单一有证标准物质，其 $\overline{u}_{Cref}$ 为 0.5/2=0.25 mg/L，换算为相对标准不确定度，其 $\overline{u}_{Cref}$ 为 0.25/11.9=2.1%。s_b 为 2.2%，n_m 为 12，$\dfrac{s_b^2}{n_m}$ 为 2.2%²/12，

根据公式 11 可知，

$$E_n = \frac{|11.9 - 11.5|}{2 \times \sqrt{\dfrac{2.2\%^2}{12} + 2.1\%^2} \times 11.5} = 0.79 < 1$$

可认为该机构本项目的测量与有证标准物质间不存在显著的系统性偏

倚，所以 b^2 值可不纳入评定 b_{rms}^2，根据公式 12 可知，

$$b_{rms} = \sqrt{\frac{s_b^2}{n_m}} = \sqrt{\frac{2.2\%^2}{12}} = 0.6\%$$

$$u_b = \sqrt{\overline{u}_{Cref}^2 + b_{rms}^2} = \sqrt{2.1\%^2 + 0.6\%^2} = 2.2\%$$

（2）单一有证标准物质（存在显著的系统性偏倚）

仍采用上述的范例，12 次测试结果平均值为 12.1 mg/L 时，相对标准偏差仍为 2.2%，则 b 为 12.1−11.5=0.6 mg/L，b 的相对误差为 0.6/11.5=5.2%。根据公式 11 可知，

$$E_n = \frac{|12.1 - 11.5|}{2 \times \sqrt{\frac{2.2\%^2}{12} + 2.1\%^2} \times 11.5} = 1.19 > 1$$

本项目该机构的测量与有证标准物质间存在显著的系统偏差，该机构也没有根据这一系统偏差对监测结果进行修正，所以 b^2 值需纳入评定 b_{rms}^2。根据公式 10 可知，

$$b_{rms} = \sqrt{b^2 + \frac{s_b^2}{n_m}} = \sqrt{5.2\%^2 + \frac{2.2\%^2}{12}} = 5.2\%$$

$$u_b = \sqrt{\overline{u}_{Cref}^2 + b_{rms}^2} = \sqrt{2.1\%^2 + 5.2\%^2} = 5.6\%$$

（3）不同的有证标准物质

某机构使用三种有证标准物质测试结果评定 u_b，标物 A 标准值为 (11.5 ± 0.5) mg/L（$k=2$），标物 B 标准值为 (12.0 ± 0.4) mg/L（$k=2$），标物 C 标准值为 (11.0 ± 0.5) mg/L（$k=2$）。标物 A 测试了 4 次，平均值为 11.9 mg/L（相对误差为 3.5%），相对标准偏差为 2.2%。标物 B 测试了 3 次，平均值为 11.8 mg/L（相对误差为−1.7%），相对标准偏差为 2.5%。标物 C 测试了 3 次，平均值为 11.3 mg/L（相对误差为 2.7%），相对标准偏差为 2.0%。由于三种有证标准物质的定值和不确定度接近，故可以将其测试结果合并用于评定 u_b。

标物 A 的相对标准不确定度分别为 0.5/（2×11.5）=2.2%。

标物 B 的相对标准不确定度分别为 0.4/（2×12.0）=1.7%。

标物 C 的相对标准不确定度分别为 0.5/（2×11.0）=2.3%。

根据公式 8 可知

$$\overline{u}_{\mathrm{Cref}} = \sqrt{\frac{\sum(u_{\mathrm{Cref}})^2}{n_{\mathrm{cref}}}} = \sqrt{\frac{4\times2.2\%^2 + 3\times1.7\%^2 + 3\times2.3\%^2}{10}} = 2.1\%$$

标物 A、B、C 的测试结果平均偏倚（相对误差）分别为 3.5%、−1.7% 和 2.7%，根据公式 9 可知，

$$b_{\mathrm{rms}} = \sqrt{\frac{\sum(b_i)^2}{n_r}} = \sqrt{\frac{3.5\%^2 + (-1.7\%)^2 + 2.7\%^2}{3}} = 2.7\%$$

$$u_b = \sqrt{\overline{u}_{\mathrm{Cref}}^2 + b_{\mathrm{rms}}^2} = \sqrt{2.1\%^2 + 2.7\%^2} = 3.4\%$$

6.3　参加能力验证、实验室间比对

如实验室参加过同一监测项目、同一浓度水平多次能力验证（PT/ILC），可以根据各次 PT/ILC 测量结果相对于中心值（公议值）的偏倚、各次 PT/ILC 给出的实验室间标准偏差和各次能力验证的参与实验室数量对该项目由系统误差引入的 u_b 进行评定。

使用 PT/ILC 评定 u_b 时，各次 PT/ILC 可看作不同的"有证标准物质"。其中，各次 PT/ILC 中心值（公议值）可看作有证标准物质的定值，可结合测定值计算各次能力验证偏倚 D_i（类似于有证标准物质的 b_i），得到实验室各次能力验证偏倚导致的不确定度 D_{rms}（类似于有证标准物质的 b_{rms}）。各次 PT/ILC 使用的考核样品的定值不确定度 u_{Cref} 类似于各有证标准物质的 u_{Cref}，可由各次 PT/ILC 的复现性标准偏差和参与实验室数量 $n_{p,i}$ 求出（公式 15、公式 16）。用于评定 u_b 的能力验证考核样品测试次数应大于 6 次（参加一次能力验证或多次能力验证）。

> 注：若实验室参加同一项目的不同轮次能力验证，如能力验证组织单位给出的中心值（公议值）或复现性标准偏差差异巨大，应分开进行评定。

使用多次能力验证测试结果评定 u_b 的方法见公式 13。

$$u_b = \sqrt{\overline{u}_{Cref}^2 + D_{rms}^2} \qquad\text{（公式 13）}$$

6.3.1 $\bar{u}_{Cref}^2$ 的评定

公式 13 中 $\bar{u}_{Cref}^2$ 为 PT/ILC 使用的考核样品定值测量不确定度的均方，计算方法见公式 14。

$$\bar{u}_{Cref}^2 = \frac{\sum (u_{Cref,i})^2}{n_{ILC}} \qquad （公式 14）$$

式中，n_{ILC} —— 参与评定的能力验证次数；

$u_{Cref,i}$ —— 实验室参与第 i 次（共 n_{ILC} 次）PT/ILC 考核时使用的考核样品中心值（公议值）的不确定度，可由各次 PT/ILC 的复现性标准偏差和参与实验室数量 $n_{p,i}$ 求出，见公式 15。

$$u_{Cref,i} = \frac{s_{R,i}}{\sqrt{n_{p,i}}} \qquad （公式 15）$$

式中，$s_{R,i}$ —— 第 i 次能力验证组织单位给出的复现性标准偏差；

$n_{p,i}$ —— 第 i 次能力验证组织单位给出的参与实验室数量。

如 PT/ILC 合格判定使用了稳健统计方法（使用中位值、稳健平均值），$u_{Cref,i}$ 值的计算方法见公式 16。

$$u_{Cref,i} = 1.25 \times \frac{s_{R,i}}{\sqrt{n_{p,i}}} \qquad （公式 16）$$

> 注：1.25 的系数参考《利用实验室间比对进行能力验证的统计方法》（ISO 13528—2015）的相关要求。

6.3.2 D_{rms}^2 的评定

公式 13 中 D_{rms}^2 为各次能力验证、实验室间比对中实验室的偏倚的均方，计算方法见公式 17。

$$D_{\text{rms}}^2 = \frac{\sum D_i^2}{n_{\text{ilc}}}$$ （公式 17）

式中，D_i——第 i 次能力验证/实验室间比对中实验室的偏倚［实验室测定值–

能力验证组织单位给出的中心值（公议值）］；

n_{ilc} ——参与评定的能力验证次数。

6.3.3 范例

某机构一年间参加了 6 次总磷的能力验证，6 次能力验证结果采用了中位

数稳健统计法计算中心值，故 $u_{\text{Cref},i} = 1.25 \times \dfrac{s_{\text{R},i}}{\sqrt{n_{\text{p},i}}}$，结果见表 6-1。

表 6-1   总磷能力验证结果汇总

PT	机构结果/ （μmol/L）	PT 中心值	D_i	$D_{i,\text{rel}}$ /%	$s_{\text{R},i,\text{rel}}$ /%	$n_{\text{p},i}$	$u_{\text{Cref},i}$ /%
1	14.25	14.08	0.17	1.23	3.1	28	0.73
2	6.75	6.25	0.50	8.03	4.8	28	1.13
3	2.58	2.82	−0.24	−8.44	7.6	28	1.80
4	5.41	5.24	0.17	3.26	5.3	35	1.12
5	3.78	3.60	0.18	5.00	6.9	35	1.46
6	1.91	1.84	0.07	4.08	8.4	35	1.77

$$D_{\text{rms,rel}} = \sqrt{\frac{\sum D_{i,\text{rel}}^2}{n_{\text{ilc}}}} = \sqrt{\frac{1.23^2 + 8.03^2 + (-8.44)^2 + 3.26^2 + 5^2 + 4.08^2}{6}}\% = 5.6\%$$

$$\overline{u}_{\text{Cref}} = \sqrt{\frac{\sum (u_{\text{Cref},i})^2}{n_{\text{ilc}}}} = \sqrt{\frac{0.73^2 + 1.13^2 + 1.80^2 + 1.12^2 + 1.46^2 + 1.77^2}{6}}\% = 1.4\%$$

$$u_b = \sqrt{\overline{u}_{\text{Cref}}^2 + D_{\text{rms}}^2} = \sqrt{5.6^2 + 1.4^2}\% = 5.8\%$$

6.4   加标回收

如实验室同一监测项目、同一浓度水平开展过多次加标回收，可根据各次加标回收测试结果评定该项目由系统误差引入的测量不确定度 u_b。

使用加标回收评定 u_b 时，各次加标回收样品可看作不同的"有证标准物质"。但是，与有证标准物质不同，加标回收样品定值的不确定度（ u_{add} ）主要来源于两个方面：①加入样品的标准样品浓度定值不确定度；②加标过程引入的不确定度。加标回收样品定值的不确定度（ u_{add} ）和测量偏倚导致的不确定度（ b_{rms} ）共同组成了 u_b。用于评定 u_b 的加标回收样品测试次数应大于 6 次。

> 注：如同一项目加标回收样品基质或浓度水平差异巨大，应分开进行评定。

使用多次能力验证测试结果评定 u_b 的方法见公式 18。

$$u_b = \sqrt{u_{\text{add}}^2 + b_{\text{rms}}^2} \qquad （公式 18）$$

6.4.1　u_{add}^2 的评定

公式 18 中的 u_{add}^2 主要来源于：①加入样品的标准样品浓度定值不确定度 u_{conc}；②加标过程（含高浓度标准样品稀释等各类操作）引入的不确定度 u_V。u_{add}^2 的计算见公式 19。特别应该注意的是，u_{add}、u_{conc}、u_V 一般使用相对不确定度（如 10%）。

$$u_{add}^2 = u_{conc}^2 + u_V^2 \qquad （公式 19）$$

式中，u_{conc} 由加标回收使用的标准物质或纯物质证书给出，u_V 的计算见公式 20。

$$u_V^2 = u_{V,b}^2 + u_{V,rep}^2 \qquad （公式 20）$$

式中，$u_{V,b}$ ——进行稀释、加标等操作使用的各类容器（容量瓶、移液枪、移液管等）系统误差（偏倚）引入的测量不确定度；

　　　　$u_{V,rep}$ ——进行稀释、加标等操作所取的体积的随机误差引入的测量不确定度，可以通过连续多次取相同体积的溶液，分别进行称重后，计算其标准偏差的方式进行评定。

6.4.2　b_{rms}^2 的评定

公式 18 中的 b_{rms}^2 为各次加标回收测试中计算得到的偏倚的均方，计算方法见公式 21。

$$b_{rms}^2 = \frac{\sum (b_i)^2}{n_\eta} \qquad （公式 21）$$

式中，b_i —— 各次加标回收测试得到的偏倚值；

n_η —— 加标回收测试次数。

当加标回收率没有代入监测结果的计算对监测结果进行修正时：

$$b_i = \frac{\eta_i - 100\%}{100\%}$$ （公式 22）

当加标回收率代入监测结果的计算对监测结果进行修正时（目前我国很少采用这种方式）：

$$b_i = \frac{\eta_i - \overline{\eta}}{\overline{\eta}}$$ （公式 23）

式中，η_i —— 第 i 次加标回收测试得到的加标回收率；

$\overline{\eta}$ —— 平均加标回收测试率。

需要注意的是，当个别 b_i 值差异明显时，应考虑分浓度或分不同环境基体（如不同类型土壤）进行加标回收测试，并分别评定测量不确定度。

6.4.3 范例

（1）b_{rms}^2 的评定

某饮用水中有机污染物监测项目无水基体标准物质，只有有机溶剂基体标准物质，总共进行了 10 次加标回收测试，结果见表 6-2。

表 6-2　某饮用水中有机污染物加标回收测试结果汇总

加标回收率/%	平均回收率/%	无修正 $b_{i,\text{rel}}$ /%	修正 $b_{i,\text{rel}}$ /%
95.1		−4.9	6.6
84.5	89.2	−15.5	−5.3
98.3		−1.7	10.2

加标回收率/%	平均回收率/%	无修正 $b_{i,\text{rel}}$ /%	修正 $b_{i,\text{rel}}$ /%
86.3		−13.7	−3.3
85.4		−14.6	−4.3
92.8		−7.2	4.0
88.0	89.2	−12	−1.3
83.0		−17	−7.0
83.8		−16.2	−6.1
95.0		−5	6.5

如没有使用加标回收率对监测结果进行修正：

$$b_{\text{rms}} = \sqrt{\frac{-4.9^2 + (-15.5)^2 + (-1.7)^2 \cdots}{10}}\% = 12.0\%$$

如使用加标回收率对监测结果进行修正：

$$b_{\text{rms}} = \sqrt{\frac{6.6^2 + (-5.3)^2 + (10.2)^2 \cdots}{10}}\% = 5.9\%$$

（2） u_{add}^2 的评定

加标使用的高浓度基体标准物质（溶剂为有机溶剂）扩展不确定度为 5%

（ $k=2$ ），则其 $u_{\text{conc}} = \dfrac{5\%}{2} = 2.5\%$ 。

加标过程第一步为配制加标母液（贮备液）。分别使用 2 支 1 mL 的移液管（制造商给出的最大误差为 0.7%）和 3 个 20 mL 的容量瓶（制造商给出的最大误差为 0.2%）。实验室内部对移液管和容量瓶使用称重方法进行了内部质控，其复现性标准误差分别为 0.14%和 0.045%。

首先进行换算，根据 $u_{V,b}=\dfrac{\varepsilon_{v,max}}{\sqrt{3}}$（$\varepsilon_{v,max}$ 代表制造商给出的最大误差），移

液管和容量瓶的 $u_{V,b}$ 分别为 $0.7\%/\sqrt{3}$ 和 $0.2\%/\sqrt{3}$。移液管和容量瓶的 $u_{V,rep}$ 分别为 0.14%和 0.045%。

第一步配制加标母液（贮备液）过程引入的不确定度 $u_{V,1}$ 为

$$u_{V,1}=\sqrt{u_{V,b}^2+u_{V,rep}^2}=\sqrt{2\times\frac{0.7^2}{3}+3\times\frac{0.2^2}{3}+2\times0.14^2+3\times0.045^2}\,\%=0.64\%$$

加标过程第二步为将母液通过一个微量注射器加入到待测溶液中。微量注射器制造商给出的最大误差为 1%，故微量注射器的 $u_{V,b}$ 为 $1\%/\sqrt{3}$，缺乏复现性测试数据判断其 $u_{V,rep}$。

第二步配制加标的过程引入的不确定度 $u_{V,2}$ 为

$$u_{V,2}=\sqrt{\frac{1.0^2}{3}}\,\%=0.58\%$$

汇总 u_{conc}、$u_{V,1}$ 和 $u_{V,2}$，可知

$$u_{add}=\sqrt{u_{conc}^2+u_{V,1}^2+u_{V,2}^2}=\sqrt{2.5^2+0.64^2+0.58^2}\,\%=2.64\%$$

（3）u_b 的评定

如没有使用加标回收率对监测结果进行修正：

$$u_{\mathrm{b}} = \sqrt{u_{\mathrm{add}}^2 + b_{\mathrm{rms}}^2} = \sqrt{2.64^2 + 12.0^2} = 12.3\%$$

如使用加标回收率对监测结果进行修正：

$$u_{\mathrm{b}} = \sqrt{u_{\mathrm{add}}^2 + b_{\mathrm{rms}}^2} = \sqrt{2.64^2 + 5.9^2} = 6.46\%$$

7

合成标准与扩展不确定度

本书第 4 章给出了实验室内复现性标准不确定度 u_{Rw} 的评定方法,第 5 章给出了偏倚标准不确定度 u_b 的评定方法。在计算得到 u_{Rw} 和 u_b 基础上,合成得到最终的标准不确定度 u_c 和扩展不确定度 U_c。

$$u_c = \sqrt{u_{Rw}^2 + u_b^2} \qquad (公式 24)$$

$$U_c = k \times u_c \ (k \text{ 值一般为 2,置信度为 95\%}) \qquad (公式 25)$$

> 注:在计算与合成的过程中,量纲或单位应保持一致,特别注意相对量纲(如 10%)和绝对量纲(如 10 μg/m³)。如不一致,应换算一致后再进行计算与合成。

　　至此，本书中关于基于质控数据测量不确定度的评定方法就叙述完毕了。在第 8 章中，将为各位读者补充介绍测量不确定度如何在符合性判定中使用。在附录中，将结合各类实际监测项目中测量不确定度的评定案例，帮助读者更好地了解和掌握基于质控数据的测量不确定度评定流程。

8

测量不确定度在符合性判定中的应用

　　各级、各类生态环境监测机构出具的监测数据和结果经常被各级生态环境主管部门、执法部门用于所需的符合性判定中，如根据地表水监测结果判定该断面是否符合Ⅲ类水质要求，根据废水监测结果判定该排放口是否符合相关排放标准要求等。在使用监测结果进行符合性判定的过程中，特别是当监测结果位于符合性判定所依据的标准限值附近时（如某项污染物排放限值为 100 mg/L，监测结果为 101 mg/L 时），可考虑测量不确定性对符合性判定结果的影响。

　　国际计量局（BIPM）和计量学联合委员会（JCGM）制定了"Evaluation of Measurement Data The Role of Measurement Uncertainty in Conformity Assessment"（JCGM 106：2012，ISO/IEC 98-4：2012）用于指导和规范测量不确定度在符合性判定中的应用，中国合格评定国家委员会（CNAS）也据此

制定了《测量不确定度在符合性判定中的应用》（CNAS-TRL-010：2019）指导相关工作。本章主要根据以上内容进行简单介绍。

8.1　符合性判定的几种类型

各级生态环境主管部门、执法部门根据监测机构做出的符合性判定可能出现 4 种情况。

（1）正确接受：监测结果显示在合格范围内，真值也在合格范围内。例如，地表水Ⅲ类水标准高锰酸盐指数允许区间为（4 mg/L，6 mg/L），某断面监测结果为 5 mg/L，真值为 5.5 mg/L，则根据监测结果判定该断面符合Ⅲ类水要求（接受），其真值也符合Ⅲ类水要求（接受），则本次符合性判定属于正确接受。

（2）错误接受：监测结果显示在合格范围内，真值不在合格范围内。例如，地表水Ⅲ类水标准高锰酸盐指数允许区间为（4 mg/L，6 mg/L），某断面监测结果为 5 mg/L，真值为 6.5 mg/L，则根据监测结果判定该断面符合Ⅲ类水要求（接受），但其真值不符合Ⅲ类水要求（拒绝），应为Ⅳ类水，则本次符合性判定属于错误接受。

（3）正确拒绝：监测结果显示不在合格范围内，真值也不在合格范围内。例如，地表水Ⅲ类水标准高锰酸盐指数允许区间为（4 mg/L，6 mg/L），某断面监测结果为 6.5 mg/L，真值为 6.7 mg/L，则根据监测结果判定该断面不符合Ⅲ类水要求（拒绝），其真值也不符合Ⅲ类水要求（拒绝），则本次符合性判定属于正确拒绝。

（4）错误拒绝：监测结果显示不在合格范围内，但真值在合格范围内。

例如，地表水Ⅲ类水标准高锰酸盐指数允许区间为（4 mg/L，6 mg/L），某断面监测结果为 6.5 mg/L，真值为 5.5 mg/L，则根据监测结果判定该断面不符合Ⅲ类水要求（拒绝），但其真值符合Ⅲ类水要求（接受），则本次符合性判定属于错误拒绝。

在实际监测中，绝对的真值是不可知的，通过监测得到的结果仅为其期望值。但是，如测量误差符合正态分布、三角分布、矩形分布等已知的统计学分布模型，通过监测结果（期望值）和测量不确定度（标准偏差/相对标准偏差）可估计出真值分布的概率密度函数，并根据概率密度函数的积分计算真值分布在某个区间的概率。基于此，在合格范围（合格区间/允许区间）上下限值明确的情况下，可以根据期望值（监测结果）、标准偏差/相对标准偏差、限值计算符合性判定正确或错误的概率，并通过设置保护带等方法，提高做出正确接受或正确拒绝的符合性判定的概率。

8.2 符合性判定正确或错误概率的计算方法

详细的统计学原理读者可阅读 JCGM（JCGM 106：2012，ISO/IEC 98-4：2012）或 CNAS（CNAS-TRL-010：2019）相关材料以及相关统计学书籍，本书重点讲述具体算法。

8.2.1 正确接受或错误接受概率的计算方法

例：某项污染物排放限值为≤100 mg/L，监测结果为 95 mg/L，相对扩展不确定度为 10%（$k = 2$），根据监测结果，判定该排污口排放废水符合排放标准的要求（接受），计算该次判定为正确接受或错误接受的概率。

根据以上信息可知，本次测量的标准不确定度为 95×0.05=4.75 mg/L，本次监测结果的真值服从一个均值为 95 mg/L，标准偏差为 4.75 mg/L 的正态分布（图 8-1）。真值≤100 mg/L 的概率为灰色部分所示面积。根据 R 语言的 pnorm 函数可以计算得知 [代码为 pnorm（100，mean=95，sd=4.75）]，监测结果真值≤100 mg/L 的概率为 0.85。根据监测结果，其真实浓度符合排放标准的概率为 0.85，不符合排放标准的概率为 1−0.85=0.15，则本次符合性判定正确接受的概率为 0.85，错误接受的概率为 0.15。

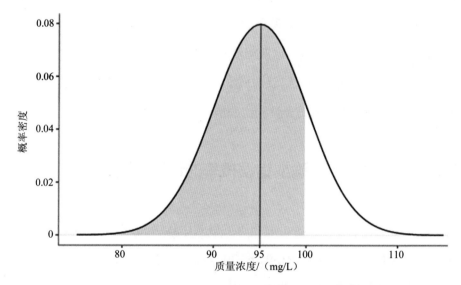

图 8-1　概率密度函数示意图（平均值=95，标准偏差=4.75）

8.2.2　正确拒绝或错误拒绝概率的计算方法

例：某项污染物排放限值为≤100 mg/L，监测结果为 105 mg/L，相对扩展不确定度为 10%（k=2），根据监测结果，判定该排污口排放废水不符合排放标准的要求（拒绝），计算该次判定为正确拒绝或错误拒绝的概率。

根据以上信息可知，本次测量的标准不确定度为 105×0.05=5.25 mg/L，本次监测结果的真值服从一个均值为 105 mg/L，标准偏差为 5.25 mg/L 的正态分布（图 8-2）。真值≥100 mg/L 的概率为灰色部分所示面积。根据 R 语言的 pnorm 函数可以计算得知［代码为 1-pnorm（100，mean=105，sd=5.25）］，监测结果真值≤100 mg/L 的概率为 0.83。根据监测结果，其真正浓度不符合排放标准的概率为 0.83，符合排放标准的概率为 1−0.83=0.17，则本次符合性判定正确拒绝的概率为 0.83，错误拒绝的概率为 0.17。

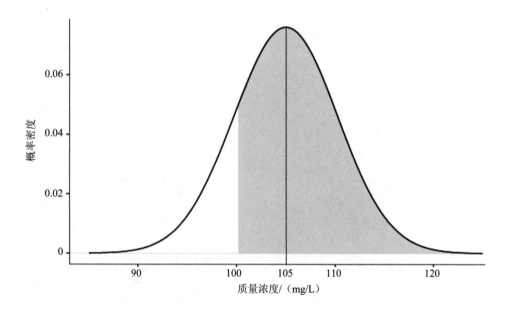

图 8-2 概率密度函数示意图（平均值=105，标准偏差=5.25）

8.3　选择符合性判定规则的一般流程

各级生态环境主管部门、执法部门在做出符合性判定前，应综合考虑管理需求、标准/规范要求、监测结果、风险等多方面因素选择判定规则，流程详见图 8-3。

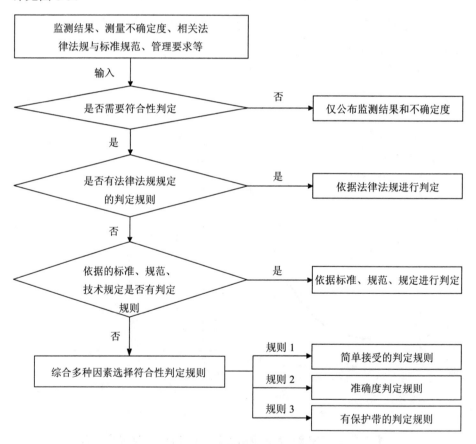

图 8-3　符合性判定的一般流程

8.3.1 简单接受的判定规则

该规则不考虑测量不确定度的影响，监测结果在合格范围（合格区间/允许区间）内判定为合格/接受，如在范围外则为不合格/拒绝。不考虑测量不确定度可能带来的错误判定风险。

一般来说，以下情况可使用简单接受的判定规则。

（1）依据的标准规范中没有明确要求做出符合性判定时应考虑测量不确定度的影响；

（2）如由客户委托监测机构进行符合性判定，双方在委托协议中明确在进行符合性判定的过程中不考虑测量不确定度的影响。

在实际工作中，如测量准确性较高，合格区间（允许/接受区间）显著大于测量不确定度时，可在符合性判定的过程中不考虑测量不确定度的影响。该类情况一般要求其测量能力指数（C_m，公式 26）$\geqslant 3$。

$$C_m = \frac{T_U - T_L}{4u_c} = \frac{T}{2U_c} \qquad （公式 26）$$

式中，T_U —— 合格区间上限；

$\quad\quad\ T_L$ —— 合格区间下限；

$\quad\quad\ u_c$ —— 评定的标准测量不确定度；

$\quad\quad\ T$ —— 容差；

$\quad\quad\ U_c$ —— 评定的扩展不确定度。

例如，地表水Ⅲ类水质标准要求高锰酸盐指数应位于（4 mg/L，6 mg/L），如某断面高锰酸盐指数监测结果为 5 mg/L，其标准测量不确定度评定结果为

0.1 mg/L。根据公式 26，其测量能力指数 C_m 为（6−4）/（4×0.1）=5，符合 $C_m \geqslant 3$ 的要求。在进行符合性判定时，如无相关标准规范或技术规定的要求，可不考虑其测量不确定度的影响，直接根据其监测结果判定其符合Ⅲ类水质要求。

但是，当监测结果明显位于合格区间上下限附近时，即使测量能力指数满足要求，做出错误的符合性判定的概率仍然偏高。如图 8-4 [根据上例对不同监测结果（x 轴）对应的做出正确判定的概率（y 轴）分布图] 所示，当监测结果位于 4.25～5.75 mg/L 时，即使不考虑不确定度的影响，做出正确判定的概率仍非常接近于 1，但当监测结果继续靠近下限 4 mg/L 和上限 6 mg/L，即使不考虑不确定度的影响，做出正确判定的概率迅速下降到 0.5。因此，建议当质量浓度接近合格区间上下限时，可考虑采用有保护带的判定规则（8.3.3）进行符合性判定。

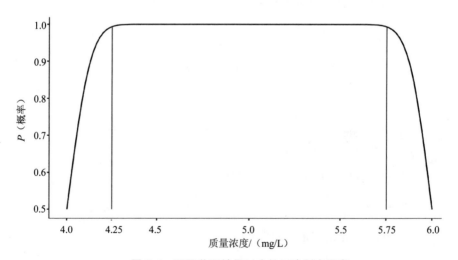

图 8-4 不同监测结果对应的正确判定概率

8.3.2 准确度判定规则

如果机构能够按照相关标准规范的要求严格控制监测过程中人员、设备、环境、标准物质、程序等影响测量不确定度的因素，可认为其将测量不确定度控制在可以接受的小范围内，在进行符合性判定时可不考虑测量不确定度的影响。一般需要满足以下要求：

（1）测量仪器的误差在标准规范、技术规定等要求的范围内；

（2）环境条件符合相关标准规范、技术规定等要求；

（3）使用的各项关键耗材、标准物质等符合相关标准规范、技术规定等要求；

（4）各项质量控制工作符合相关标准规范、技术规定等要求；

（5）质量体系持续按照相关要求有效运行；

（6）人员能力经过确认符合相关要求。

准确度判定规则旨在控制影响监测数据准确度的各类因素以降低测量不确定度。但是，与简单接受的判定规则（8.3.1）相似，如监测结果接近合格区间的上下限时，仍需慎重考虑测量不确定度对符合性判定的影响。

8.3.3 有保护带的判定规则

通过在合格范围（合格区间、允许区间）的基础上设置保护带，可以有效减少误判风险。但是，该类规则带有风险偏好，通过设置保护带降低错误接受风险的同时，必然会提升错误拒绝的风险，反之亦然，在使用此规则时必须加以注意。有保护带的判定规则可分为有保护带的接受和有保护带的拒绝两类。

（1）有保护带的接受

为防止错误接受（监测结果显示在合格范围内，但真值在合格范围外），可在合格范围内设置保护带为新的接受范围（区间），新的接受范围窄于原合格范围，可有效降低错误接受的概率。以在合格（允许）上限内设置保护带为例，如图 8-5 所示，原合格（允许）限值为 T_U，新的接受限值为 A_U，保护带长度为 w，$w = T_U - A_U$。

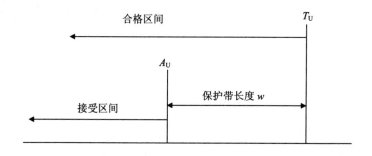

图 8-5   有保护带的接受示意图（合格区间上限的保护带）

在实际应用中，依据扩展不确定度 U 设置保护带长度，$w = rU$。保护带长度越大，错误接受的概率越低，正确接受的概率越高（图 8-6）。一般保护带长度取 $r = 1$，此时错误接受的概率约为 0.05，正确接受的概率约为 0.95。

例如，III 类水质是一个重要的合格标准，地表水水质优于 III 类水质合格标准才能作为合格的饮用水水源地。某饮用水水源地的高锰酸盐指数监测结果为 5.5 mg/L、标准测量不确定度为 0.1 mg/L、III 类水质合格标准上限为 6 mg/L。为降低错误接受此处水质优于 III 类的概率，在合格标准上限内设置防止错误接受的保护带，保护带长为 0.1 mg/L×2=0.2 mg/L，新的接受区间限值为 6-0.2=5.8 mg/L。监测结果 5.5 mg/L＜5.8 mg/L，即使考虑测量不确定度仍可以接受该水源地高锰酸盐指数优于Ⅲ类水质合格标准。

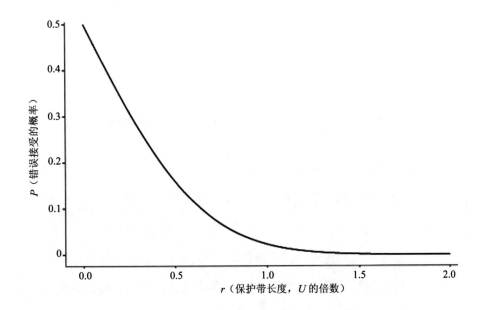

图 8-6　不同保护带长度对应的错误接受概率

（2）有保护带的拒绝

为防止错误拒绝（监测结果显示在合格范围外，但真值在合格范围内），可在合格范围外设置保护带为新的接受范围（区间），新的接受范围宽于原合格范围，可有效降低错误拒绝的概率。以在合格（允许）上限外设置保护带为例，如图 8-7 所示，原合格（允许）限值为 T_U，新的接受限值为 A_U，保护带长度为 w，$w = A_U - T_U$。

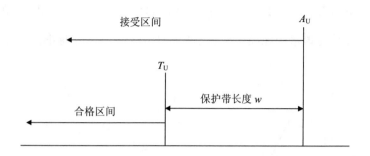

图 8-7　有保护带的拒绝示意图（合格区间上限的保护带）

在实际应用中，依据扩展不确定度 U 设置保护带长度， $w=rU$ 。保护带长度越大，错误拒绝的概率越低，正确拒绝的概率越高（图 8-6）。一般保护带长度取 $r=1$ ，此时错误拒绝的概率约为 0.05，正确拒绝的概率约为 0.95。

例如，废水中某项污染物浓度限值为 100 mg/L。某废水排口监测结果为 115 mg/L、标准测量不确定度为 5 mg/L。为降低错误判定为超标的概率，在合格标准上限外设置防止错误拒绝的保护带，保护带长为 5 mg/L×2=10 mg/L，新的接受区间上限为 100+10=110 mg/L。监测结果 115 mg/L＞110 mg/L，即使考虑测量不确定度仍可以做出该处排口不合格的判定。

附　录

附录 1　AD 检验的实现

AD 检验的统计量 A^2 计算公式为

$$A^2 = \left\{ \dfrac{-\sum\limits_{i=1}^{m}(2i-1)\left[\ln(p_i)+\ln(1-p_{m+1-i})\right]}{m} - m \right\} \times (1+\dfrac{0.75}{m}+\dfrac{2.25}{m^2})$$

其中，A^2 可分为用于检验正态性的 A_{s}^2 和检验独立性的 A_{MR}^2：

A_{s}^2 中的 $w_i = \dfrac{(x_i - \bar{x})}{s_{\mathrm{R}}}$，$w_i$ 为第 i 个标准化值，x_i 为第 i 个结果，$\bar{x}$ 为 x_i 的

均值；

A_{MR}^2 中的 $w_i = \dfrac{(x_i - \bar{x})}{s_{\mathrm{MR}}}$，$s_{\mathrm{MR}} = \dfrac{\overline{\mathrm{MR}_i}}{1.128}$，$\overline{\mathrm{MR}_i}$ 为移动极差 $\mathrm{MR}_i = |x_{i+1} - x_i|$ 的

均值。

p_i 为第 i 个 w_i 对应的正态分布概率值。

$A_{\mathrm{s}}^2 < 1.0$ 表明检测系统 99%的概率符合正态性分布。$A_{\mathrm{MR}}^2 < 1.0$ 表明质控

数据分布 99%的概率符合独立性分布。

下面结合实例介绍如何基于开源的 R 语言计算 A_{s}^2 和 A_{MR}^2。

用于输入的 27 次质控样品测试结果为（单位：mg/L）：2.49、2.55、2.64、

2.55、2.51、2.61、2.54、2.66、2.39、2.52、2.55、2.47、2.61、2.51、2.54、

2.44、2.66、2.51、2.51、2.62、2.3、2.45、2.45、2.55、2.42、2.62、2.48。

第一步，打开 R 软件，首先安装 nortest 包（仅需第一次使用安装，以后再用可直接跳过第一步）：

>install.packages（"nortest"）

第二步，加载 nortest 包：

>library（nortest）

第三步，输入质控数据（质控数据提前输入在 Excel 里，第一行为"质控样测试结果浓度"），选定全部质控数据（包括第一行行名），右键选择复制（如下图）。

	A
1	质控样测试结果浓度
2	2.49
3	2.55
4	2.64
5	2.55
6	2.51
7	2.61
8	2.54
9	2.66
10	2.39
11	2.52
12	2.55

复制完成后，在 R 中运行命令：

>x <- read.table（"clipboard"，header = T）#中间不要再进行任何复制操作

第四步，计算 A_s^2 值，依次输入如下命令：

>result <- ad.test（x$质控样测试结果浓度）

>Amodify <- result$statistic*（1+（0.75/nrow（x））+2.25/（nrow（x）

^2))

　　＞print（Amodify）

输入完毕后，屏幕上显示：

```
> result <- ad.test(x$质控样测试结果浓度)
> Amodify <- result$statistic*(1+(0.75/nrow(x))+2.25/(nrow(x)^2))
> print(Amodify)
        A
0.3224349
```

其中 A 值为 A_s^2。

第五步，计算 A_{MR}^2 值，依次输入如下命令：

＞adtest2 ＜- function（x）｛

　mR ＜- mean（abs（diff（x）））/1.128

　DNAME ＜- deparse（substitute（x））

　x ＜- sort（x[complete.cases（x）]）

　n ＜- length（x）

　if（n ＜ 8）

　　stop（"sample size must be greater than 7"）

　logp1 ＜- pnorm（（x - mean（x））/mR，log.p = TRUE）

　logp2 ＜- pnorm（-（x - mean（x））/mR，log.p = TRUE）

　h ＜-（2 * seq（1：n） - 1）*（logp1 + rev（logp2））

　A ＜- -n - mean（h）

　AA ＜-（1 + 0.75/n + 2.25/n^2）* A

　if（AA ＜ 0.2）｛

　　pval ＜- 1 - exp（-13.436 + 101.14 * AA - 223.73 * AA^2）

　｝

```
else if（AA ＜ 0.34）｛

    pval ＜- 1 - exp（-8.318 + 42.796 * AA - 59.938 * AA^2）

｝

else if（AA ＜ 0.6）｛

    pval ＜- exp（0.9177 - 4.279 * AA - 1.38 * AA^2）

｝

else if（AA ＜ 10）｛

    pval ＜- exp（1.2937 - 5.709 * AA + 0.0186 * AA^2）

｝

else pval ＜- 3.7e-24

RVAL ＜- list（statistic = c（A = A），p.value = pval，method =
"Anderson-Darling normality test"，

            data.name = DNAME）

class（RVAL）＜- "htest"

return（RVAL）

｝

＞result2 ＜- adtest2（x$质控样测试结果浓度）

＞Amodify2 ＜- result2$statistic*（1+（0.75/nrow（x））+2.25/（nrow（x）
^2））

print（Amodify2）
```

输入完毕后，屏幕上显示：

```
+    else pval <- ...  ...
+      RVAL <- list(statistic = c(A = A), p.value = pval, method = "Anderson-Darling norma
lity test",
+                   data.name = DNAME)
+      class(RVAL) <- "htest"
+      return(RVAL)
+ }
> result2 <- adtest2(x$质控样测试结果浓度)
> Amodify2 <- result2$statistic*(1+(0.75/nrow(x))+2.25/(nrow(x)^2))
> print(Amodify2)
        A
0.512734
```

其中 A 值为 A_{MR}^2。

附录2 通过 F 检验质控/标准样品与环境样品的基体对精密度的影响是否相同或相似

（1）统计学概念

F 检验主要用于方差齐性检验、方差分析等，是一种统计学检验方法，用 F 分布理论来推论方差差异发生的概率，从而比较两个样本方差的差异是否显著，统计量为 F 值。F 值的计算公式为

$$F = \frac{S_1^2}{S_2^2}$$

其中，S_1 为较大的标准偏差（样本1），S_2 为较小的标准偏差（样本2），其自由度分别为 $\mathrm{d}f_1$ 和 $\mathrm{d}f_2$：

$$\mathrm{d}f_1 = n_1 - 1$$

$$\mathrm{d}f_2 = n_2 - 1$$

其中，n_1 为样本1的数量，n_2 为样本2的数量，根据 F 值、$\mathrm{d}f_1$ 和 $\mathrm{d}f_2$，可计算 F 值对应的 P 值，如 $P \leqslant 0.05$，则认为两个样本方差存在显著差异。

（2）实例1——不同基体不影响精密度

某机构在评定水中氨氮监测项目中由实验室内复现性引入的 u_{Rw} 时，拟根据5.2基于覆盖全流程的稳定质控样品的评定方法，使用纯水基体的标准样品作为稳定质控样品开展实验室内期间精密度测试，并以此数据评定复现性引入的 u_{Rw}。对该标准样品的测试覆盖环境样品测试的全流程，但不确定基体效应是否会导致标准样品测量的精密度结果与环境样品测量的精密度结果的差

异，影响 u_{Rw} 的评定。为此，该实验室在一天内，同时开展了标准样品和环境样品的重复测试，各次测试均涵盖环境样品分析的全部程序，结果见附表1。

附表1　水中氨氮标准样品和环境样品的重复测试结果

	均值/（μg/L）	标准偏差/（μg/L）	重复次数	相对标准偏差/%
环境样品	1 003	37	8	3.7
标准样品	910	28	10	3.1

由测试结果可知，环境样品与标准样品浓度接近，可用于采用 F 检验比较基体效应对精密度的影响。由于环境样品的相对标准偏差较大，其相对标准偏差为 $S_1=3.7\%$，标准样品的相对标准偏差为 $S_2=3.1\%$。F 值为

$$F=\frac{S_1^2}{S_2^2}=\frac{3.7\%^2}{3.1\%^2}=1.42$$

其自由度 df_1 和 df_2 分别为

$$df_1=n_1-1=8-1=7$$

$$df_2=n_2-1=10-1=9$$

根据 F、df_1 和 df_2，使用 R 语言求 P 相应的 P 值，代码如下：

$>$1-pf（1.42，7，9）

可知，P 值为 0.31＞0.05，认为环境样品与标准样品的方差（标准偏差）无统计学差异，测试环境样品与标准样品的精密度无统计学差异，不同基体不影响 u_{Rw} 的评定，期间精密度条件下可以使用该纯水标准样品根据5.2基于覆盖全流程的稳定质控样品的评定方法，直接评定水中氨氮项目的 u_{Rw}。

此外，应当注意的是，如日常监测涉及多个浓度范围，应在各浓度范围

分别使用相应浓度的标准样品与环境样品进行精密度测试，以比较不同浓度水平下不同的基体是否会影响监测结果的精密度。

（3）实例 2——不同基体影响精密度

过程同实例 1，但测试结果不同，结果见附表 2。

附表 2   水中氨氮标准样品和环境样品的重复测试结果

	均值/（μg/L）	标准偏差/（μg/L）	重复次数	相对标准偏差/%
环境样品	1 003	60	8	6.0
标准样品	910	28	10	3.1

由测试结果可知，环境样品与标准样品浓度接近，可采用 F 检验比较基体效应对精密度的影响。由于环境样品的相对标准偏差较大，其相对标准偏差为 S_1=6.0%，标准样品的相对标准偏差为 S_2=3.1%。F 值为

$$F = \frac{S_1^2}{S_2^2} = \frac{6.0\%^2}{3.1\%^2} = 3.75$$

其自由度 $\mathrm{d}f_1$ 和 $\mathrm{d}f_2$ 分别为

$$\mathrm{d}f_1 = n_1 - 1 = 8 - 1 = 7$$

$$\mathrm{d}f_2 = n_2 - 1 = 10 - 1 = 9$$

根据 F、$\mathrm{d}f_1$ 和 $\mathrm{d}f_2$，使用 R 语言求 P 相应的 P 值，代码如下：

＞1-pf（3.75，7，9）

可知，P 值为 0.03＜0.05，认为环境样品与标准样品的方差（标准偏差）存在统计学差异，测试环境样品与标准样品的精密度存在统计学差异，不同基体影响 u_{Rw} 的评定，不能使用该纯水标准样品根据 5.2 中的方法直接评定水

中氨氮项目的 u_{Rw}。应根据 5.3 基于稳定质控样品（基质不同或不覆盖全环节等）的评定方法，使用该标准样品评定 $u_{Rw,stand}$，并通过环境样品平行测试结果评定 $u_{r,range}$，最终将 $u_{Rw,stand}$ 与 $u_{r,range}$ 合成 u_{Rw}。

附录 3　基于同基体、覆盖全流程的单一有证标准物质的评定实例

　　以某机构的地表水总氮监测测量不确定度评定为例,该机构于 2018 年 1～3 月共进行 8 次有证标准物质测试,8 次所用为同一批次的有证标准物质,基体为纯水,标样浓度为（0.618 ± 0.07）mg/L（k =2）。基体与地表水接近,测量流程覆盖全环节。8 次测试结果见附表 3。

附表 3　有证标准物质测试结果汇总表

编号	时间	测试结果/（mg/L）	标样浓度/（mg/L）	标准不确定度/（mg/L）	相对标准不确定度/%	偏倚/（mg/L）	相对偏倚/%
1	2018/1/4	0.64	0.618	0.035	5.7	0.022	3.56
2	2018/1/8	0.656	0.618	0.035	5.7	0.038	6.15
3	2018/1/9	0.606	0.618	0.035	5.7	−0.012	−1.94
4	2018/1/2	0.648	0.618	0.035	5.7	0.030	4.85
5	2018/3/1	0.642	0.618	0.035	5.7	0.024	3.88
6	2018/3/2	0.601	0.618	0.035	5.7	−0.017	−2.75
7	2018/3/5	0.632	0.618	0.035	5.7	0.014	2.27
8	2018/3/8	0.644	0.618	0.035	5.7	0.026	4.21

　　（1）评定 u_{Rw}

　　汇总 8 次测试的相对偏倚,计算其标准偏差,可得 $u_{Rw} = s_{Rw} = 3.2\%$

（2）评定 u_b

根据有证标准物质给出的扩展不确定度，可知 $u_{Cref} = \dfrac{0.035}{0.618} = 5.7\%$

汇总 8 次相对偏倚，计算平均值和标准偏差，可知 $b_{rel} = 2.5\%$，$s_{b,rel} = 3.2\%$，$n = 8$。

$$E_n = \frac{|b|}{2 \times \sqrt{\left(\dfrac{s_b}{n}\right)^2 + u_{Cref}^2}} = \frac{|2.5\%|}{2 \times \sqrt{\left(\dfrac{3.2\%}{8}\right)^2 + 5.7\%^2}} = 0.218$$

由于 $E_n \leqslant 1$，b_{rel} 不纳入 u_b 的评定

$$u_b = \sqrt{\frac{s_b^2}{n_m} + u_{Cref}^2} = \sqrt{\frac{3.2\%^2}{8} + 5.7\%} = 5.8\%$$

（3）合成 u_c

$$u_c = \sqrt{u_{Rw}^2 + u_b^2} = \sqrt{3.2^2 + 5.7^2}\% = 6.6\%$$

（4）相对扩展不确定度

$$U_c = 2 \times u_c = 13.2\% \quad (k=2)$$

附录4   基于同基体、覆盖全流程的多个有证标准物质的评定实例

以某机构的地表水高锰酸盐指数测量不确定度评定为例，该机构所监测的地表水断面高锰酸钾指数主要位于Ⅱ类和Ⅲ类范围内，故该机构日常选用定值分别为（2.86±0.3）mg/L（$k=2$）和（4.88±0.56）mg/L（$k=2$）的两种有证标准物质进行质控工作。机构于 2018 年 1～3 月共进行 8 次有证标准物质测试，两种标物各测试 4 次，标物基体为纯水，基体与地表水接近，测量流程覆盖全环节。

附表4   有证标准物质测试结果汇总表

编号	时间	测试结果/（mg/L）	标样浓度/（mg/L）	标准不确定度/（mg/L）	相对标准不确定度/%	偏倚/（mg/L）	相对偏倚/%
1	2018/1/4	2.76	2.86	0.08	2.8	−0.10	−3.5
2	2018/1/8	2.78	2.86	0.08	2.8	−0.08	−2.8
3	2018/1/9	2.86	2.86	0.08	2.8	0.00	0.0
4	2018/1/2	2.84	2.86	0.08	2.8	−0.02	−0.7
5	2018/3/1	4.95	4.88	0.14	2.9	0.07	1.4
6	2018/3/2	4.68	4.88	0.14	2.9	−0.20	−4.1
7	2018/3/5	5.06	4.88	0.14	2.9	0.18	3.7
8	2018/3/8	4.68	4.88	0.14	2.9	−0.20	−4.1

（1）评定 u_{Rw}

汇总 8 次测试的相对偏倚，计算其标准偏差，可得 $u_{Rw} = s_{Rw} = 2.9\%$ 。

（2）评定 u_b

根据有证标准物质给出的扩展不确定度，可知

$$\bar{u}_{Cref} = \sqrt{\frac{\sum (u_{Cref})^2}{n_{Cref}}} = \sqrt{\frac{4 \times (2.8)^2 + 4 \times (2.9)^2}{8}}\% = 2.83\%$$

汇总计算两种标样测试结果的相对偏倚可知 $b_{1,rel} = -1.7\%$ ，$b_{2,rel} = -0.8\%$ ，可知

$$b_{rms} = \sqrt{\frac{\sum (b_i)^2}{n_r}} = \sqrt{\frac{b_1^2 + b_2^2}{2}} = \sqrt{\frac{(-1.7)^2 + (-0.8)^2}{2}}\% = 1.4\%$$

（3）合成 u_c

$$u_c = \sqrt{u_{Rw}^2 + \bar{u}_{Cref}^2 + b_{rms}^2} = \sqrt{2.9^2 + 1.4^2 + 2.83^2}\% = 4.25\%$$

（4）相对扩展不确定度

$$U_c = 2 \times u_c = 8.5\% \quad (k = 2)$$

附录 5　基于质控样品和加标回收的评定实例———有机项目

　　以某机构针对饮用水中某种除草剂的监测为例。由于该除草剂有证标准物质为有机溶剂，基体与水不同，该机构分别进行了 10 次质控溶液（有机溶剂基体）测试、10 次平行双样测试、10 次加标回收测试以评定该项目测量不确定度（附表 5）。使用高浓度基体标准物质［溶剂为有机溶剂，扩展不确定度为 5%（$k=2$），其 $u_{conc} = \dfrac{5\%}{2} = 2.5\%$］配制质控溶液或进行加标，最终质控溶液浓度为 0.5 mg/L 左右，最终加标浓度为 0.1 mg/L，扩展不确定度为 5%（$k=2$），则其 $u_{conc} = \dfrac{5\%}{2} = 2.5\%$。加标过程使用了 2 支 1 mL 的移液管（制造商给出的最大误差为 0.7%，内部使用称重法进行定期质控，复现性标准误差为 0.14%）、3 个 20 mL 的容量瓶（制造商给出的最大误差为 0.2%，复现性标准误差为 0.045%）和 1 个微量注射器（制造商给出的最大误差为 1%，未进行过内部质控）。

附表 5   质控溶液测试、平行双样、加标回收结果汇总表

编号	质控溶液测试结果/（mg/L）	平行双样相对极差/%	加标回收率/%
1	0.49	15.4	95.1
2	0.50	16.9	84.5
3	0.52	10.5	98.3
4	0.48	4.5	86.3
5	0.49	11.6	85.4
6	0.51	3.0	92.8
7	0.51	11.4	88.0
8	0.54	2.5	83.0
9	0.48	5.0	83.8
10	0.49	2.6	95.0
均值	0.501	8.3	89.2
相对标准偏差	3.8%	—	—

（1）评定 u_{Rw}

汇总 8 次质控溶液测试结果，可知其相对标准偏差为 3.8%，故 $u_{Rw,stand}$ =3.8% 。

汇总各次平行双样测试结果，计算各次相对极差 R （ $R = \dfrac{2 \times |d_2 - d_1|}{d_2 + d_1}\%$ ），

可 知 $\overline{R}$ =8.3% ，可 查 表 （ 正 文 表 5-2 ）可 知 C_2 =1.128 ，故

$$u_{r,range} = \frac{\overline{R}}{C} = \frac{8.3\%}{1.128} = 7.4\%$$ 。将结果代入公式可得

$$u_{Rw} = \sqrt{u_{Rw,stand}^2 + u_{r,range}^2} = \sqrt{3.8^2 + 7.4^2}\% = 8.3\%$$

（2）评定 u_{add}

加标使用的高浓度基体标准物质（溶剂为有机溶剂）扩展不确定度为 5%

（$k=2$），则其 $u_{conc} = \frac{5\%}{2} = 2.5\%$ 。

加标过程使用了 2 支 1 mL 的移液管（制造商给出的最大误差为 0.7%，复现性标准误差为 0.14%）、3 个 20 mL 的容量瓶（最大误差为 0.2%，复现性标准误差为 0.045%）和 1 个微量注射器（制造商给出的最大误差为 1%）。

根据 $u_{V,b} = \frac{\varepsilon_{v,max}}{\sqrt{3}}$ （$\varepsilon_{v,max}$ 代表制造商给出的最大误差），移液管、容量瓶、微量注射器的 $u_{V,b}$ 分别为 $0.7\%/\sqrt{3}$、$0.2\%/\sqrt{3}$ 和 $1\%/\sqrt{3}$。移液管和容量瓶的 $u_{V,rep}$ 分别为 0.14% 和 0.045%。微量注射器未进行过内部质控，所以无法得到其 $u_{V,rep}$，可忽略不计。

计算稀释过程引入的不确定度 $u_{V,1}$ 为

$$u_V = \sqrt{u_{V,b}^2 + u_{V,rep}^2} = \sqrt{2 \times \frac{0.7^2}{3} + 3 \times \frac{0.2^2}{3} + \frac{1^2}{3} + 2 \times 0.14^2 + 3 \times 0.045^2}\%$$

汇总 u_{conc} 和 u_V 可知：

$$u_{add} = \sqrt{u_{conc}^2 + u_V^2} = 2.64\%$$

（3）评定 b_{rms}^2

附表6 各次加标回收 $b_{i,rel}$ 汇总表

加标回收率/%	平均回收率/%	无修正 $b_{i,rel}$ /%	修正 $b_{i,rel}$ /%
95.1		−4.9	6.6
84.5		−15.5	−5.3
98.3		−1.7	10.2
86.3		−13.7	−3.3
85.4	89.2	−14.6	−4.3
92.8		−7.2	4.0
88.0		−12	−1.3
83.0		−17	−7.0
83.8		−16.2	−6.1
95.0		−5	6.5

如没有使用加标回收率对监测结果进行修正：

$$b_{rms} = \sqrt{\frac{-4.9^2 + (-15.5)^2 + (-1.7)^2 \cdots}{10}}\% = 12.0\%$$

如使用加标回收率对监测结果进行修正（目前我国很少采用这种方式）：

$$b_{rms} = \sqrt{\frac{6.6^2 + (-5.3)^2 + (10.2)^2 \cdots}{10}}\% = 5.9\%$$

（4）评定 u_b

如没有使用加标回收率对监测结果进行修正：

$$u_{\mathrm{b}} = \sqrt{u_{\mathrm{add}}^2 + b_{\mathrm{rms}}^2} = \sqrt{2.64^2 + 12.0^2} = 12.3\%$$

如使用加标回收率对监测结果进行修正：

$$u_{\mathrm{b}} = \sqrt{u_{\mathrm{add}}^2 + b_{\mathrm{rms}}^2} = \sqrt{2.64^2 + 5.9^2} = 6.47\%$$

（5）评定 u_{c}

如没有使用加标回收率对监测结果进行修正：

$$u_{\mathrm{c}} = \sqrt{u_{\mathrm{Rw}}^2 + u_{\mathrm{b}}^2} = \sqrt{8.3^2 + 12.3^2} = 14.8\%$$

如使用加标回收率对监测结果进行修正：

$$u_{\mathrm{c}} = \sqrt{u_{\mathrm{Rw}}^2 + u_{\mathrm{b}}^2} = \sqrt{8.3^2 + 6.47^2} = 10.5\%$$

（6）评定 U_{c}

如没有使用加标回收率对监测结果进行修正：

$$U_{\mathrm{c}} = 2 \times u_{\mathrm{c}} = 14.8\% \times 2 = 29.6\%$$

如使用加标回收率对监测结果进行修正：

$$U_{\mathrm{c}} = 2 \times u_{\mathrm{c}} = 10.5\% \times 2 = 21\%$$

附录6　基于质控样品和加标回收的评定实例——总磷

　　以某机构针对地表水中总磷监测为例。该机构以 8 次有证标准物质测试结果、10 次样品平行测试结果和 8 次加标回收测试评定总磷监测的测量不确定度（附表 7）。有证标准物质［溶剂为水，扩展不确定度为 5%（$k=2$），其 $u_{conc}=\dfrac{5\%}{2}=2.5\%$］配制质控液和进行加标，最终质控液浓度为 0.350 mg/L 左右，加标浓度为 0.04 mg/L，扩展不确定度为 5%（$k=2$），则其 $u_{conc}=\dfrac{5\%}{2}=2.5\%$。

加标过程使用了 1 支 50 mL 移液管、1 支 1 mL 移液管和 1 个 1 000 mL 容量瓶。分别进行了 8 次质控溶液（有机溶剂基体）测试、10 次平行双样测试、8 次加标回收测试以评定该项目测量不确定度（附表 7）。

附表 7　质控溶液、平行双样、加标回收测试结果汇总表

编号	质控溶液测试结果/（mg/L）	平行双样相对极差/%	加标回收率/%
1	0.346	10.0	100.0
2	0.348	0.0	98.7
3	0.346	0.0	98.3
4	0.343	0.0	97.8
5	0.349	0.0	97.4

编号	质控溶液测试结果/（mg/L）	平行双样相对极差/%	加标回收率/%
6	0.348	0.0	97.0
7	0.351	0.0	102.0
8	0.348	0.0	98.8
9		10.0	—
10		10.0	—
均值	0.347	4.0	98.8
相对标准偏差	0.69%	—	—

（1）评定 u_{Rw}

根据附表 7 的质控溶液测试结果，可知其相对标准偏差为 0.69%，故 $u_{Rw,stand}$=0.69%。

根据 10 次平行双样测试结果，计算各次相对极差 R（$R = \dfrac{2 \times |d_2 - d_1|}{d_2 + d_1}\%$），

可知 $\overline{R}$=4.0%，C_2=1.128，$u_{r,range} = \dfrac{\overline{R}}{C} = \dfrac{4.0\%}{1.128} = 3.5\%$。计算 u_{Rw}

$$u_{Rw} = \sqrt{u_{Rw,stand}^2 + u_{r,range}^2} = \sqrt{0.69^2 + 3.5^2}\% = 3.6\%$$

（2）评定 u_{add}

加标过程使用了 1 支 50 mL 移液管（B 级）、1 支 1 mL 移液管（A 级）和 1 个 1 000 mL 容量瓶（A 级），经查阅《常用玻璃量器检定规程》（JJG 196—2006），50 mL 移液管容量误差为 0.2%，充满液体至移液管刻度的估读误差经验值为 0.06%；1 mL 移液管容量误差为 0.7%，充满液体至移液管刻度的估读

误差经验值为 0.14%；1 000 mL 容量瓶容量误差为 0.04%，充满液体至移液管刻度的估读误差经验值为 0.005%。

根据 $u_{v,b} = \dfrac{\varepsilon_{v,max}}{\sqrt{3}}$，计算移液管和容量瓶的不确定度为

$$u_{v,b} = \frac{\varepsilon_{v,max}}{\sqrt{3}} = \sqrt{\frac{0.2^2 + 0.7^2 + 0.04^2}{3}}\% = 0.42\%$$

根据 $u_{v,rep}$ 计算稀释、加标等操作所取体积的随机误差引入的标准不确定度为

$$u_{v,rep} = \left(0.06^2 + 0.14^2 + 0.005^2\right)\% = 0.15\%$$

计算加标过程引入的不确定度

$$u_v = \sqrt{u_{v,b}^2 + u_{v,reb}^2} = \sqrt{0.42^2 + 0.15^2}\% = 0.45\%$$

汇总 u_{conc} 和 u_v，

$$u_{add} = \sqrt{u_{conc}^2 + u_v^2} = \sqrt{2.5^2 + 0.45^2}\% = 2.54\%$$

（3）评定 b_{rms}^2

附表 8　各次加标回收 $b_{i,rel}$ 汇总表

加标回收率/%	平均回收率/%	无修正 $b_{i,rel}$ /%
100	98.8	0.5
98.7		−1.3

加标回收率/%	平均回收率/%	无修正 $b_{i,\text{rel}}$ /%
98.3		−1.7
97.8		−2.2
97.4		−2.6
97.0	98.8	−3.0
102		1.6
98.8		−1.2

因为监测结果为未检出或 0.01 mg/L，浓度较低，故加标回收率没有代入监测结果计算或监测结果对加标回收率影响不大，故选择无修正的 $b_{i,\text{rel}}$ 计算 b_{rms}

$$b_{\text{rms}} = \sqrt{\frac{0.5^2 + (-1.3)^2 + (-1.7)^2 + (-2.2)^2 + (-2.6)^2 + (-3.0)^2 + 1.6^2 + (-1.2)^2}{8}}\%$$
$$= 1.9\%$$

（4）评定 u_b

没有使用加标回收率对监测结果进行修正：

$$u_b = \sqrt{u_{\text{add}}^2 + b_{\text{rms}}^2} = \sqrt{2.54^2 + 1.9^2} = 3.2\%$$

（5）评定 u_c

没有使用加标回收率对监测结果进行修正：

$$u_c = \sqrt{u_{\text{Rw}}^2 + u_b^2} = \sqrt{3.6^2 + 3.2^2} = 4.8\%$$

（6）评定 U_c

$$U_c = 2 \times 4.8\% = 9.6\% \quad (k=2)$$

附录7　基于稳定质控样品和能力验证的评定实例

以某机构针对水中总磷的测量不确定度评定为例。该机构分别进行了 20 次稳定质控样品（溶剂为水，覆盖全部测量环节）和 6 次能力验证。20 次质控样品测试平均值为 8.03 mg/L、标准偏差为 0.352 mg/L、相对标准偏差为 4.38%。能力验证结果见附表 9。

附表 9　能力验证结果汇总表

PT	机构结果/（μmol/L）	PT 中心值	D_i	$D_{i,\mathrm{rel}}$ /%	$s_{\mathrm{R},i,\mathrm{rel}}$ /%	$n_{\mathrm{p},i}$	$u_{\mathrm{Cref},i}$ /%
1	14.25	14.08	0.17	1.23	3.1	28	0.73
2	6.75	6.25	0.5	8.03	4.8	28	1.13
3	2.58	2.82	−0.24	−8.44	7.6	28	1.80
4	5.41	5.24	0.17	3.26	5.3	35	1.12
5	3.78	3.60	0.18	5.00	6.9	35	1.46
6	1.91	1.84	0.07	4.08	8.4	35	1.77

（1）评定 u_{Rw}

汇总 20 次稳定质控样品测试结果，由于基体为水，且覆盖全监测过程，故 u_{Rw} 与相对标准偏差一致，u_{Rw} =4.38%。

（2）评定 u_b

由于该次能力验证中心值采用稳健统计方法，故表中

$$u_{\text{Cref},i}=1.25\times\frac{s_{R,i}}{\sqrt{n_{p,i}}}$$

$$D_{\text{rms,rel}}=\sqrt{\frac{\sum D_{i,\text{rel}}^2}{n_{\text{ILC}}}}=\sqrt{\frac{1.23^2+8.03^2+(-8.44)^2+3.26^2+5^2+4.08^2}{6}}\%=5.62\%$$

$$\overline{u}_{\text{Cref}}=\sqrt{\frac{\sum (u_{\text{Cref},i})^2}{n_{\text{ILC}}}}=\sqrt{\frac{0.73^2+1.13^2+1.80^2+1.12^2+1.46^2+1.77^2}{6}}\%=1.39\%$$

$$u_b=\sqrt{\overline{u}_{\text{Cref}}^2+D_{\text{rms}}^2}=\sqrt{5.62^2+1.39^2}\%=5.79\%$$

（3）评定 u_c

$$u_c=\sqrt{u_{Rw}^2+u_b^2}=\sqrt{4.38^2+5.79^2}=7.3\%$$